# 安保改定60年 「米国言いなり」の根源を問う

目次

# はじめに

「気が付いていない方が多いようなので、注意を喚起しておきたいのだが、1月6日付『赤旗』の1面トップと3面全部を使った『在沖海兵隊、〝日本防衛〟から除外／日米作戦計画で80年決定』の記事は、重要なスクープである」。こう指摘しているのは、ジャーナリストの高野孟氏。「日刊ゲンダイ」で連載している「永田町の裏を読む」（2020年1月16日付）の一文です。

「しんぶん赤旗」は、日米安保条約の改定（1960年1月19日）から60年を迎えた2020年、「シリーズ安保改定60年」という大型企画を掲載しました。その第1回が、高野氏が言及している記事です。今年、複数のメディアが安保改定60年に関わる企画・特集を組みましたが、いずれも日米同盟・安保条約を容認する立場に立っているため、本質に迫れない限界があります。「しんぶん赤旗」では、対米従属政治の根源に安保条約が存在するとの立場から、その成り立ちと条文ごとの問題点、さらに安保条約から抜け出す展望を示してきました。NATO（北大西洋条約機構）空軍元司令官、航空自衛隊元空将補、元在沖縄米海兵隊員といった軍事のプロも実名で登場し、アメリカいいなりの日米関係を告発しています。

このパンフレットは、「しんぶん赤旗」2020年1月6日付から2月12日付まで掲載された「シリーズ安保改定60年」の第1部をまとめ、加筆したものです。政治部・竹下岳、柳沢哲哉、斎藤和紀、ベルリン支局・伊藤寿庸が担当しました。

## 1 在日米軍は日本を守るか

1978年、初めて策定された日米軍事協力の指針（ガイドライン）を契機とした日米共同作戦計画をめぐり、当時のカーター米政権は自衛隊の軍事分担を大幅に拡大し、在沖縄海兵隊を「日本防衛」から除外する方針を決定していたことが分かりました。米国防総省が2017年に公表した歴史書（注1）（1977～81年版）などに経緯が記されています。

### 在沖海兵隊を〝日本防衛〟から除外

日本政府は、沖縄県での海兵隊駐留は「日米同盟の実効性を確実にし、抑止力を高める」と説明し、米海兵隊普天間基地に代わる同県名護市辺野古の新基地建設を強行していますが、もともと沖縄の海兵隊は地球規模の〝殴りこみ〟部隊であり、日本の平和や安定とは無関係です。海兵隊の「日本防衛」からの除外方針の決定は、その裏付けとなる重要な事実であり、辺野古新基地建設に何の大義もないことが浮き彫りになりました。

歴史書によれば、日米両政府は1979年から「日本有事」と朝鮮有事での対応に関する「緊急事態対処計画5098」（CONPLAN5098）の作成に着手。米軍の最高機関である統合参謀本部は在沖縄海兵隊を「日本防衛」に割り当てるよう要求しました。

これに対してブラウン国防長官は80年5月、「大統領が承認するとは思えない」と強調。「日本に自国防衛での支配的な役割を果たさせる」ために、「(米本土から)陸軍2個師団を日本防衛に割り当てるが、海兵隊は韓国への増強のために(日本防衛には)使わないでおく」との考えを示し、統合参謀本部も同意しました。米太平洋軍コマンド・ヒストリー80年版[注2]によれば、計画は81年2月に承認され、「防衛計画5098」(DEFPLAN5098)となりました。

また、ブラウン長官は「自衛隊の役割を拡大することで、以前は日本防衛に専念していた米軍をどこにでも、とりわけインド洋やペルシャ湾への展開のために自由に使える」と主張。カーター政権は79年のイラン革命など中東情勢に対処するため、米軍の即応展開能力の強化を掲げ、海兵隊はその重要な柱とされていました。

強襲上陸訓練を行う沖縄の第31海兵遠征隊(31MEU)＝米海兵隊ウェブサイトから

ワインバーガー国防長官は82年4月、米上院歳出委員会で、「沖縄の海兵隊は、日本の防衛には充てられていない。それは米第7艦隊の即応海兵隊であり、同艦隊の通常作戦区域である西太平洋、インド洋のどの場所にも配備される」と証言。在沖縄海兵隊は88年、現在の「第3海兵遠征軍」(ⅢＭＥＦ)に改組され、海外への侵攻能力を飛躍的に強化されました。90～91年の湾岸危機・湾岸戦争では8000人が中東に投入され、2004年にはイラク・ファルージャの最前線で2度にわたり凄惨《せいさん》な「対テロ」戦争を繰り広げ、６０００人とも言われる住民虐殺に加担しました。

## 米側の解禁文書には

「対米従属国家・日本」の根幹にある日米安保条約は２０２０年1月19日、改定から60年を迎えました。戦後75年たった今なお、日本には78もの米軍専用基地がおかれ、その面積の７割が集中する沖縄県では、世界でも類のない過剰な基地負担を強いられています。

基地内は治外法権で、米軍機が昼夜関係なく爆音とともに自由勝手に飛び回り、国民生活は後回しで莫大《ばくだい》な「思いやり予算」を負担させられる…。そうした植民地的な状態を正当化する最大の口実は、「米軍は日本を守るための抑止力だ」――〝だから我慢しろ〟というものです。

しかし、本当にそうなのか。そもそも、１９５１年9月に最初の安保条約が結ばれたのは、①ソ連や中国を念頭に、日本全土を米本土の「防衛ライン」とするため②50年６月に開戦した朝鮮戦争への出撃拠点として、日本全土を基地にするため――であることが、米側の解禁文書に繰り返し明記されています。

実際、旧安保条約では「日本国内及びその附近に（米軍を）配備する権利を、日本国は、許与」（第1条）するとあるだけで、米国の「日本防衛」義務は明確に除外されています。

## ベトナム侵略の拠点

これに対して、60年の安保改定では①「日本や極東」の平和と安定のため、第6条に基づいて日本は米軍に基地を提供する②米軍は第5条に基づき、日本に対する武力攻撃で共同対処することで「対日防衛義務」を負うようになった――と、日本政府は説明します。

しかし、米側の見解は全く異なります。「日本防衛の第一義的な責任は完全に日本側にある。われわれは地上にも空にも、日本の直接的な非核防衛に関する部隊は持っていない。今やそれは、完全に日本の責任である」。70年1月26日、米上院外交委員会の秘密会（サイミントン委員会）[注3]で、ジョンソン国務次官はこう断言しました。さらに、日本の基地は「韓国、台湾への関与、東南アジアへの後方支援のためである」と述べています。

ここで言う「東南アジア」が、50年代以降のベトナム侵略戦争を指すことは明らかです。国際問題研究者の新原昭治氏は「フランスがディエンビエンフーでベトミン（ベトナム独立同盟）に敗れ、米国が前面に出始めた54年を前後して、日本や沖縄がベトナムへの攻撃拠点になっていった」と指摘。新原氏が米国立公文書館で入手した解禁文書には、①54年から沖縄への核配備が始まり、ベトナムへの核攻撃準備が行われてきた②ベトナム作戦のための軍事空輸を中心任務として、50年代半ばから立川基地（東京都）の滑走路拡張が始まった――などが記されています。

60年代半ばから、米軍は日本や沖縄を経由して出撃を繰り返します。在日米軍基地なしに、米軍はベトナム戦争を遂行できなかったのが実態です。

## 中東への出撃にも

75年のベトナム戦争終結後、在日米軍は太平洋から中東までを視野に入れた侵略能力の強化に突き進み、「日本防衛」とはますます無縁になっています。

在日米軍の兵力は5万7094人（2019年12月現在、米国防総省の統計[注4]）。このうち、最大勢力が海兵隊の2万1070人、次いで海軍が2万733人。いずれも主力部隊（空母打撃群、第31海兵遠征隊など）は1年の半分をインド太平洋地域への定期遠征にあてており、残る半年は整備・休養や次の遠征に向けた訓練に費やしています。

一方、日本への武力攻撃で「防衛」の要となる陸軍はわずか2516人で、戦闘部隊は一兵も存在しません。

空軍は1万2752人いますが、1959年9月の「松前・バーンズ協定（日本防衛実施のための取極）」でレーダーサイトや防空指揮所を日本に移管。米軍ではなく自衛隊が「防空」を担うことが公式に確認されています。

91年の湾岸戦争や2000年代のイラク・アフガニスタンへの先制攻撃戦争では、在日米軍の多くが動員されています。イラク戦争開戦の一撃を放ったのは、横須賀基地所属のイージス艦でした。在日米軍基地は文字通り、地球規模の出撃拠点として機能しています。さらに、現在は米国の対中戦略の足場にもなっています。

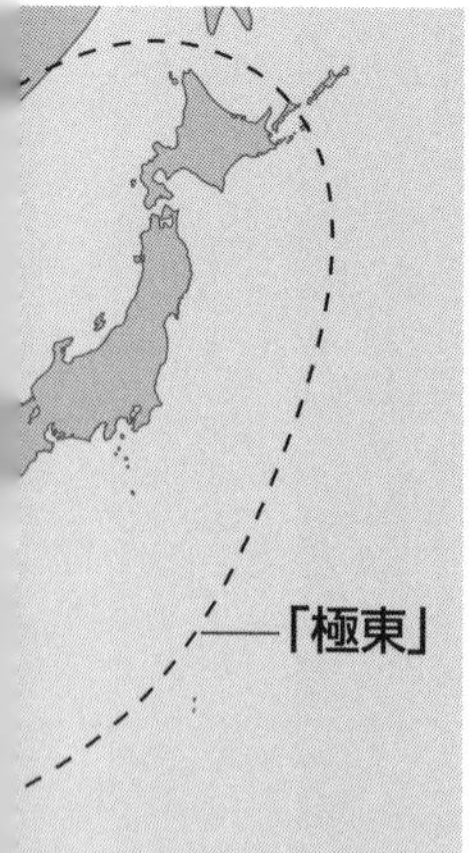


自由作戦（2019年）

するため南シナ海を
軍横須賀基地（神奈
子力空母ロナルド・
・と、並走する海上
艦「みょうこう」＝
（米海軍ウェブサイ
を中心とする米第7
の反対側にあたる地
範囲にしている

## 在日米軍・在沖縄米軍が参加した主な軍事作戦

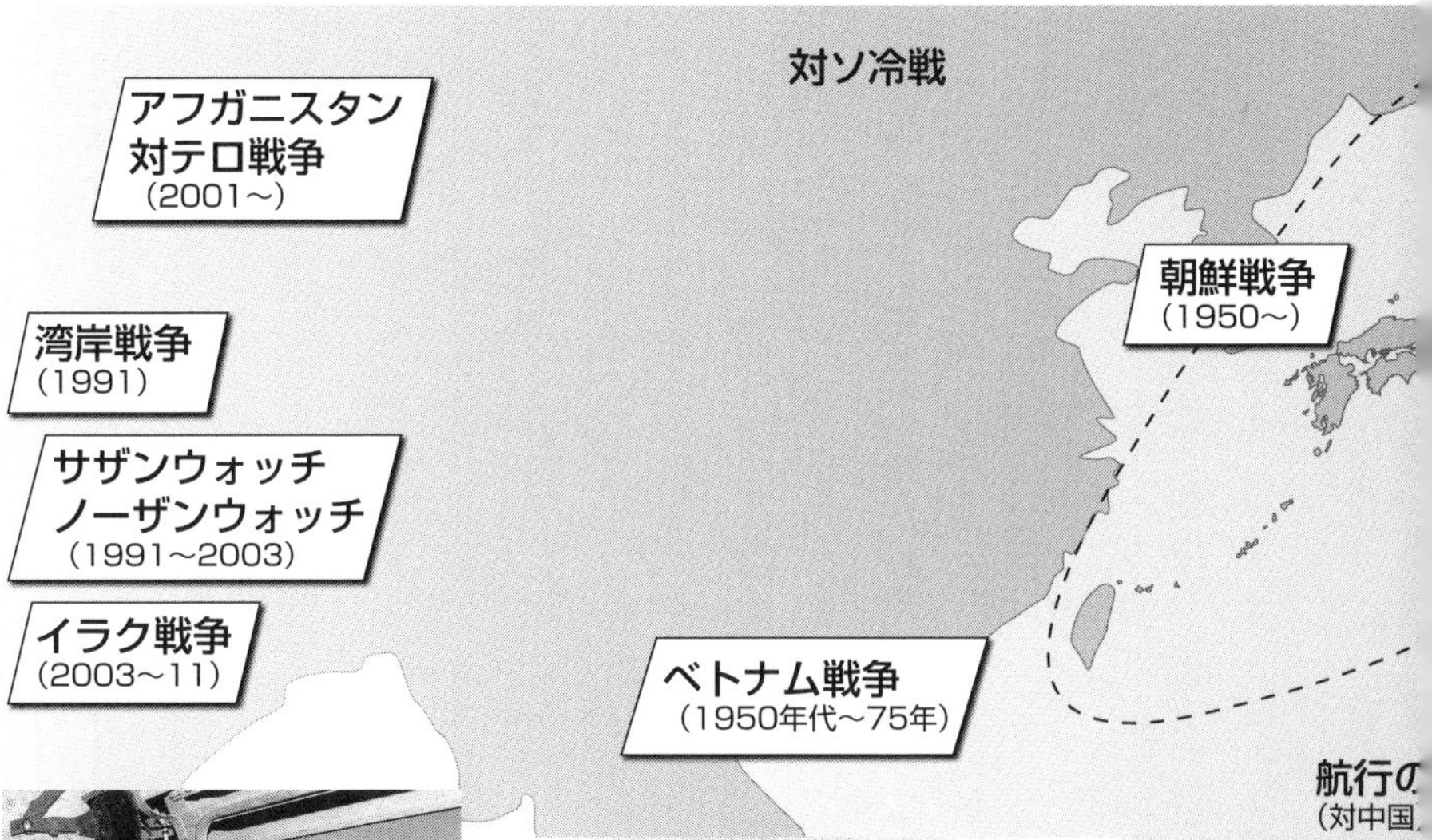

▲負傷兵空輸でイラク中部ラマディを飛行する米海兵隊員。かつて普天間基地（沖縄県宜野湾市）に配備されていた第161海兵中型ヘリ中隊＝2006年1月（米海兵隊ウェブサイトから）。湾岸戦争以降、日本からは沖縄の海兵隊に加え、三沢（青森県）、横田（東京都）、横須賀（神奈川県）、厚木（同）、岩国（山口県）、嘉手納（沖縄県）の各基地から中東に派兵している

▲南ベトナム・ダナンに上陸した沖縄の第9海兵遠征旅団＝1965年3月8日（米国立公文書館所蔵）。その後増派され、現在の第3海兵遠征軍の原形となる「第3海兵水陸両用軍」をダナンで構成。沖縄の海兵隊は、75年4月、ベトナムから最後に撤退した部隊になった。また、沖縄の嘉手納基地から飛び立ったB52がベトナムを空爆。本土は補給、修理のための一大後方基地になった

▲中国をけん制
航行する、米海
川県）所属の原
レーガン（手前
自衛隊イージス
2019年8月15日
トから）。空母
艦隊は、米本土
球の半分を作戦

わけても、「海兵隊＝抑止力」論への疑問は絶えません。95年に沖縄のキャンプ瑞慶覧《ずけらん》に駐在していた元米海兵隊員のマイケル・ヘインズさん（ＶＦＰ＝退役軍人平和会メンバー）は、こう証言します。「『日本を守る』ことが、われわれが沖縄にいる正当性だと教えられました。しかし、実際は日本防衛の訓練をしたことはなく、遠征部隊としての強襲上陸・攻撃任務に特化したものでした」

２００３年、イラク戦争に従事し、「テロ掃討」と称して毎日、民家を襲撃したといいます。「今も泣き叫ぶ女の子の声が耳を離れない。自分こそがテロリストでした」

ヘインズさんは断言します。「もし日本への攻撃が起こるとすれば、それは米軍がいるからです。膨大な基地は沖縄を安全にするのではなく、標的にします。海兵隊は米国の利益のために存在しており、日本や沖縄の防衛に不必要です」

## 新しい「国のかたち」

米国は本当に日本を「守る」のか――。

「『条約などに書かれた約束というのは、実際の状況に適用される場合にはいくらでも解釈の仕方を変えることが可能だ』――１９４０年代の地政学者ニコラス・スパイクマンの言葉（『平和の地政学』芙蓉書房出版）が、その答えです」。ＮＰＯ法人・国際地政学研究所の林吉永事務局長（元航空自衛官・空将補）はこう指摘します。

「安保条約５条の解釈は、日米それぞれの都合のいいように解釈できる。少なくとも、人のいない尖閣問題で犠牲を払ってまで米軍が動くはずはない」

林氏は、米軍と自衛隊との「データリンク」（連接）が、1980年代、「憲法違反の集団的自衛権の行使につながる」と批判されていたものの、国会での俎上《そじょう》に載らず、なし崩し的に進められてきた政策経緯や、制服レベルでいったん国産化が決定した次期支援戦闘機F2が米国の要求に沿って日米共同開発となった政策に「日本の防衛・安全保障政策の変革」を見てきました。「米国にとって、日本は要求したことをすべてのんでくれる国。日米安保は米国にとってきわめて都合のいい条約になった」と実感しています。

「自分の国は自分で守るのは当然。しかし、軍事大国化が日本の歩むべき道なのか」。林氏は欧州の中立国家、わけても国民ぐるみで専守防衛を貫徹したオーストリアをモデルに、米ロや米中の間を取り持つような政治力・外交力を持った「ミドル・パワー」になることが、これからの日本の「国のかたち」だと訴えます。

（注1）Secretaries of Defense Historical Series, Office of Secretaries of Defense で閲覧可能。現在、9巻まで公表されている。1977～81年版が最新。
（注2）Commander in Chief PACIFIC Command History 1980　米シンクタンク「ノーチラス研究所」（Nautilus Institute）が米情報自由法（FOIA）に基づいて入手。現在、1994年版までウェブサイトで掲載。
（注3）United States Security Agreements and Commitments Abroad Japan and Okinawa.1971.1.26,27,28 米国立公文書館など所蔵。国立国会図書館などの電子資料（Digital National Security Archive）で閲覧可能。
（注4）Military and Civilian Personnel by Service/Agency by State/Country（Updated Quarterly）、DoD Personnel, Workforce Reports & Publicationsで閲覧可能。

## ② なぜ安保条約はつくられたのか

対米従属国家・日本。その大本にある日米安保条約の源流は1952年4月28日、日本の「独立」が承認された対日平和条約（サンフランシスコ講和条約）と同時に発効した旧安保条約です。なぜ、安保条約がつくられたのか。その目的は、日本の「独立」後も占領軍＝米軍の駐留を継続させるためでした。条約の作成や交渉過程でも、米軍の意見が最優先されてきました。

### 目的は占領軍の駐留継続、日本全土を基地に

45年8月、日本は第2次世界大戦での無条件降伏を勧告したポツダム宣言を受諾し、米軍を中心とした占領軍の支配下に置かれます。同宣言では、日本に「責任ある政府」が樹立されたら、占領軍は「直ちに撤退する」と明記されています。

しかし、米軍を統括する米統合参謀本部（JCS）は49年6月9日付の報告書で、(注1)ソ連を念頭に、西太平洋における「島嶼《とうしょ》チェーン」を維持するため日本における基地の継続使用を主張。ジョンソン国防長官は「対日講和は時期尚早」だとして、占領の継続を訴えていました。(注2)

最終的に、米政府は51年9月8日、サンフランシスコ平和条約と一体で、日本との2国間協定（安保条約）を結び、米軍を維持する方針を決定。ポツダム宣言を公然と踏みにじるものでした。

しかも、「必要な限り、（日本の）いかなる場所でも米軍を維持する」＝いわゆる「全土基地方式」を採用。これが、日本が今なお、世界でも類を見ない「米軍基地国家」にされている元凶です。また、沖縄を日本本土から切り離し、軍事支配を継続する方針も確認されています。

安保条約の草案は50年10月末、米陸軍省のマグルーダー少将を代表とする作業班が作成。前文で「日本全土が防衛作戦のための潜在区域とみなされる」と明記し、「全土基地方式」を定式化します。(注3)

1951年9月、サンフランシスコ講和条約に署名する吉田茂首相（共同）

## 闇の交渉、日本側は一人だけ

最終的には、安保条約第1条に「アメリカ合衆国の陸軍、空軍及び海軍を日本国内及びその附近に配備する権利を、日本国は、許与」すると明記されました。条文はわずか5条。第1条以外は形式的な条項にすぎず、米軍の駐留継続以外の内容は一切ありません。

51年1月、ダレス・米大統領特別顧問が来日。条約を吉田茂首相ただ一人に通知し、合意させました。条約が署名された同年9月8日まで、ほかの日本人は一切、内容を知らされず、講和会議が

安保条約を調印したサンフランシスコの下士官クラブ＝2001年、新原昭治氏撮影

行われていたサンフランシスコで署名したのも吉田氏ただ一人でした。[注4] 事実上、日本の占領を継続する安保条約が、闇の交渉で押し付けられたのです。

## 米軍犯罪の裁判権、米側に

安保条約以上に屈辱的なのが、日米地位協定の源流である日米行政協定です。同協定は旧安保条約3条に基づくもので、米軍や軍属、その家族に、日本の国内法を上回る特権を与えています。これについてもＪＣＳが、米軍関係者の犯罪で、米側が全面的な裁判権を有するなど、いっそうの権限拡大を要求。これが米側の案として採用され、52年1月29日から日本側との正式な交渉が始まりました。

刑事裁判権をめぐっては、ＮＡＴＯ（北大西洋条約機構）では「公務中」「公務外」で裁判権を分割することになっていたことから、日本側も「この方式の採用をつよく主張」しました。[注5] これに対してＪＣＳは、ＮＡＴＯ協定がまだ批准されていないことから、「日本は米軍に対して、欧州各国より強い力を得る」として反対。[注6] 日本側の要望は却下されました。

結局、行政協定はわずか1カ月後の2月28日に締結され、4月28日に発効しました。

超短期間の交渉はほぼ、刑事裁判権や「有事」における米軍の指揮権をめぐる問題に終始。米軍による基地の治外法権的な管理権や空域の独占使用などの問題は議論された形跡がなく、これらは現在の日米地位協定にそのまま引き継がれ、米軍機の騒音や事故、環境汚染など、深刻な被害をもたらす元凶になっています。

## 〝植民地化〟の協定

当時のラヴェット国防長官は、「極東軍（現在の在日米軍）司令官は、緊急事態の作戦任務を遂行するために十分な権限を持つべきだ」[（注7）] と述べ、米軍司令官が占領軍さながらの権限を持つことを当然視しました。当時、若手代議士だった中曽根康弘氏（のちの首相）も、「要するに、この協定は日本をアメリカの植民地化するものですナ」ともらしています。[（注8）]

各国の地位協定に詳しい東京外国語大学大学院の伊勢崎賢治教授は、「日米地位協定がひどいのは、元をたどれば占領下でつくられたから。日本はいまだ米国の占領下にある」と指摘。「かつては不利な地位協定を受け入れていた他の同盟国も、冷戦崩壊後、米国との対等な関係を求めるようになり、相次いで地位協定が改定されました。流れが変わった以上、日米地位協定の改定は当然です」と訴えます。

（注1）米国務省の歴史書（FRUS=Foreign Relations of United States1949,The Far East and Australia）
（注2）Secretaries of Defense Historical Series, Office of Secretaries of Defense1950-1953
（注3）FRUS 1950,East Asia and the Pacific
（注4）新原昭治『日米「密約」外交と人民のたたかい』（新日本出版社）。
（注5）外務省日本外交文書　平和条約の締結に関する調書第五冊（Ⅷ）。
（注6）（注7）＝（注2）と同文書。
（注8）＝（注5）と同文書。

## 3 日米関係は「対等」なのか

1951年9月に結ばれた旧安保条約の下、日本全国に2824カ所の米軍基地がおかれ（1952年4月現在）、さらに拡張されようとしていました。これに対して、内灘闘争（石川県）や砂川闘争（東京都）など、住民の基地闘争が全国に広がります。

さらに、群馬県・相馬が原演習場で米兵が主婦を射殺した「ジラード事件」（57年1月）では、加害米兵が懲役3年・執行猶予4年の判決で帰国。日米関係の不平等性に国民の怒りが爆発しました。

### 安保改定の真意

米政府は危機感を募らせます。ナッシュ米大統領補佐官が57年12月にまとめた「米国の海外基地に関する報告書」（ナッシュ・リポート[注1]）は、「われわれの海外基地システムは、あるところでは摩擦と反発を呼び起こしている」と指摘。「不平等感を緩和するための……最も重要な措置は、安保条約の改定である」と提言しました。

一方、57年2月に就任した岸信介首相も国会答弁などで「対等な日米関係」を喧伝《けんでん》し、「安保改定」を主張。60年1月19日、改定安保条約と日米地位協定が締結され、今日に至ります。

しかし、日米両政府が手掛けた安保改定は欺瞞《ぎまん》に満ちたものでした。

## 核持ち込む密議

安保改定の最重要課題は、米軍による核兵器の持ち込みでした。53年10月、核兵器を搭載した米空母オリスカニが横須賀基地（神奈川県）に寄港して以来、核持ち込みが始まりましたが、(注2) 54年3月のマグロ漁船被ばく＝ビキニ事件を契機に反核平和運動が高揚し、米軍にとって容易ならざる状況に。前出の「ナッシュ・リポート」は、日本の反核世論を「精神病的」と罵倒するほど、いら立ちを募らせていました。

岸氏は国会で「自衛隊を核兵器で武装しない、日本にこれを持ち込むことは認めない」（58年6月17日、衆院本会議）と表明していました。ところが、米国防総省の「歴史書」56～60年版によれば、58年7月、マッカーサー駐日米大使との密議で、「法的には、米国はいかなる兵器も日本に持ち込むことができる」と述べ、そのための方策を探りあっていたのです。まさに二枚舌です。

## 虚構の「事前協議」

岸氏が「日米対等」の担保として言及していたのが、「事前協議」制度でした。これにより、日本の意図に反した核持ち込みや、米軍の海外での戦闘に巻き込まれることを防ぐというものです。

ホワイトハウスで安全保障新条約に調印する日米全権代表。着席者左から藤山愛一郎外相、岸信介首相、立ち会いのアイゼンハワー米大統領、ハーター米国務長官＝1960年1月19日、ワシントン（時事）

１９６０年1月19日、改定安保条約とともに交わされた「岸・ハーター交換公文」で、在日米軍が①「装備の重要な変更」②日本の施政権外で「戦闘作戦行動」を行う場合、日米が「事前協議」を行うことが確認されました。しかし、そこには二重の欺瞞《ぎまん》が存在します。

## 一度も開かれず

そもそも、「岸・ハーター交換公文」には、「装備の重要な変更」の具体的な内容が記されていません。その裏で、日米両政府は①核兵器を搭載した艦船・航空機の寄港・飛来（エントリー）②米軍の日本からの移動――は「事前協議」の対象外にするなどの密約（討論記録＝Record of Discussion）を交わしていました。[注3] 米軍がこれまで通り、核搭載艦船の寄港や「移動」と称すれば、日本から出動した米軍部隊は海外のどこでも戦闘作戦行動が可能になったのです。

もう一つは、「事前協議」そのものの虚構性です。外務省は、①核弾頭および中・長距離ミサイル②陸上部隊・空軍の１個師団、海軍の１機動部隊――が「装備の重要な変更」にあたるとし

1973年8月、米海軍横須賀基地（神奈川県）に配備された米空母ミッドウェー。当時、米戦闘艦は常時、核兵器を搭載していた

ています。これに従えば、日本への空母の配備などは「事前協議」の対象になるはずです。しかし、日本政府はこれまで事前協議を一度も提起していません。

前出（4ページ）の米国防総省歴史書は、事前協議で「日本の事前『承認』は求められていない」「米国は、米軍の行動に関するいかなる拒否権も日本側に与えることを避けた」と総括しています。結局、安保改定でも米軍は行動の自由を全面的に確保しました。「事前協議」は「対等な日米関係」を装うための虚構にすぎなかったのです。

## 「議事録」の検証を

安保改定に伴い、核密約以外にも、「朝鮮半島への出撃」「基地の排他的管理権」など数多くの密約が結ばれ、（注4）旧安保条約下の軍事特権はほぼ維持されました。さらに、52年に締結された日米行政協定に基づく米軍の特権も、ほとんどが日米地位協定に引き継がれました。（注5）

加えて重大なのが、日米地位協定に関する「合意議事録」です。ここでは、条文ごとに詳細な解釈を示しています。例えば、刑事裁判権に関する地位協定17条について、米軍機の事故が発生した場合、米側が同意しない限り、日本の当局は米軍財産の捜索、差し押さえ、検証ができないことなどが盛り込まれています。この合意議事録は、比較的最近まで非公表とされ、事実上の密約扱いでした（現在は外務省ホームページで公開）。地位協定改定とともに、合意議事録の不当性を検証する必要があります。

（注1）United States Overseas Military Bases Report to the President by Frank C. Nash, December 1957 沖縄公文書館所蔵。

（注2）新原昭治『「核兵器使用計画」を読み解く』（新日本出版社）。

（注3）外務省「いわゆる『密約』問題に関する調査結果」報告対象文書（１９６０年1月の安保条約改定時の核持込みに関する「密約」問題関連）など。同省ウェブサイトで公開。正式合意は安保改定と同じ日だが、文書には「１９５９年6月」とあり、早い段階で合意にいたったとみられる。

（注4）米国務省が作成した、日米安保条約改定に伴う「密約」リスト（Summary of Unpublished Agreements Reached in Connection with the Treaty of Mutual Cooperation and Security with Japan,1960.1.7）によれば、①核持ち込みに関する「討論記録」②朝鮮半島への自由出撃に関する秘密協議③日米合同委員会合意議事録の非公開④日米地位協定第3条（基地管理権）と第18条4項（米軍の事件・事故に伴う民事裁判・請求権）の合意覚書が列挙されている。「報道手引」は、米民間機関ナショナル・セキュリティ・アーカイブ（ＮＳＡ）が収集。国立国会図書館などの電子資料（Digital National Security Archive）で閲覧可能。

（注5）米軍・軍属らの犯罪に対する刑事裁判権については、ＮＡＴＯ（北大西洋条約機構）協定の発効に伴い、１９５３年10月29日に日米行政協定第17条を改定。従来は米側が「専属的裁判権」を持っていたが、ＮＡＴＯと同様、「公務中」は米側、「公務外」は日本側が第1次裁判権を持つこととされた。しかし、前日28日の日米合同委員会裁判権分科委員会の非公開議事録（外務省が２０１１年に公開）に、「日本にとって著しく重要と考えられる事例以外については第一次裁判権を行使するつもりがない」旨を記している（いわゆる裁判権放棄密約）。

## 4 基地国家の根源（第６条）

### 安保条約第６条の構造

| 日本国の安全に寄与し、並びに極東における国際の平和及び安全の維持に寄与するため（①）、アメリカ合衆国は、その陸軍、空軍及び海軍が日本国において施設及び区域を使用することを許される（②）。<br>前記の施設及び区域の使用並びに日本国における合衆国軍隊の地位は、1952年２月28日に東京で署名された日本国とアメリカ合衆国との間の安全保障条約第３条に基く行政協定（改正を含む。）に代わる別個の協定及び合意される他の取極により規律される（③）。 | |
|---|---|
| ①極東条項 | 1960年当時、国会では「極東」の範囲をめぐって紛糾。その範囲はあいまいで、在日米軍の海外派兵を可能に。 |
| ②全土基地方式 | 米軍の施設・区域（基地）を置く地域を明示していない。米軍は「日本国」＝日本全土に基地を置く権利を有する。 |
| ③日米地位協定 | 米軍の特権を定めた地位協定は６条に基づく。膨大な安保関連国内法も６条に基づく。 |

日米安保条約の条文は、わずか10条しかありません。しかし、条約の下に、日本の国内法を上回る米軍の特権を定めた日米地位協定や合意議事録、米軍「思いやり予算」特別協定、さらに地位協定に基づく膨大な国内法、加えて「核密約」などの密約が連なり、「安保法体系」を形成。日本国憲法を頂点とした法体系との深刻な矛盾を生み出しています。

その中でも中核部分といえるのが、国内に米軍基地を置く根拠になっている第6条（**表**）です。

## 世界に例ない「全土基地方式」

1951年9月に署名された旧安保条約は、日本の「独立」後も占領軍＝米軍の駐留を維持する「権利」を定めたものです。その内容を直接、引き継いだのが第6条です。

旧安保条約と共通するのは「全土基地方式」です。第6条は、米軍が「日本国において施設及び区域を使用することを許される」と定め、地理的な制約を設けていません。外務省が1973年4月に作成した機密文書「日米地位協定の考え方」には、「米側は、わが国の施政下であればどこにでも施設・区域の提供を求める権利が認められている」と明記されています。

住宅地に囲まれた横田基地（東京都福生市など多摩地区）

こうした「全土基地方式」は世界でも例のない異常なもので、米国の多くの同盟国では、条約に基づく協定などで基地を置く区域を定めています。

また、日米安保条約のモデルにもなった欧州の北大西洋条約や米フィリピン相互防衛条約には、そもそも米国への基地提供に関する条項がありません。この点をとっても、日米安保が「基地条約」という特異な条約であることが分かります。

## 在外米兵の3割が日本に

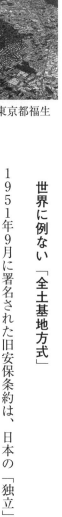

第6条の下で、日本には78の米軍専用基地、自衛隊が管理する日米共同使用基地を含めれば131の米軍施設が存在します（2019年3月31日時点）。全国各地で米軍機の墜落や部品落

## 米軍基地の所在地

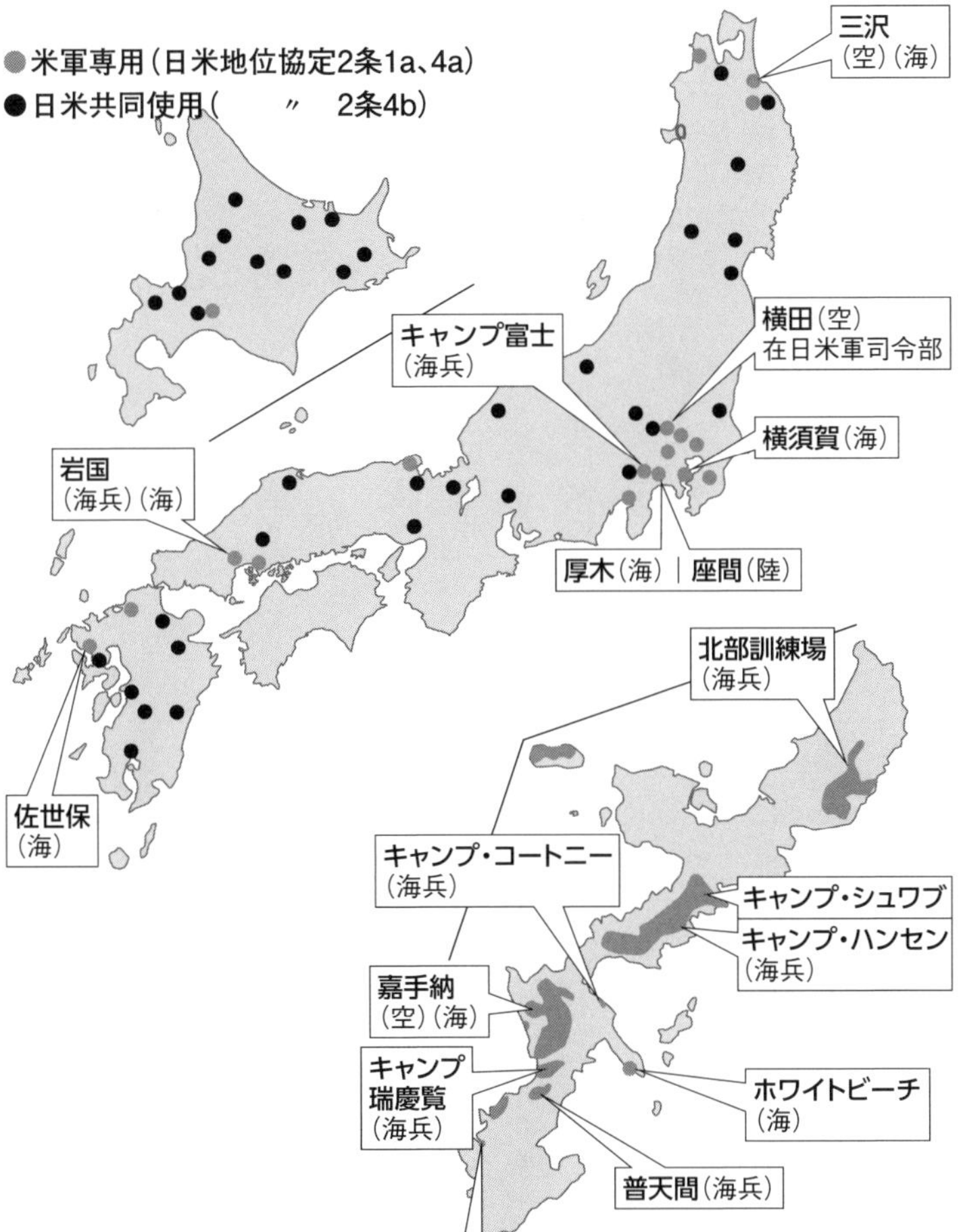
那覇軍港（陸）
※このほか、離島に射爆撃場が存在

下、騒音被害、米兵犯罪などが相次いでおり、住民の安全や権利が脅かされています。在日米軍のマルティネス前司令官は「軍人5万4000人、軍属8000人、扶養家族4万2000人で、総計10万4000人」と説明しています（19年1月の記者会見）。このうち5割以上が沖縄に集中しているとみられます。

また、米国防総省の「基地構造報告」（Base Structure Report FY2018 Baseline）18年版によると、米国の海外基地514のうち、121基地が日本に存在します。陸海空軍・海兵隊の米4軍すべての基地がそろっているのは日本だけ。基地の「資産評価額」は日本が約982億ドルで、2位ドイツの約449億ドルの2倍以上です。この上、日本政府は最低でも2兆6500億円（沖縄県試算）とも言われる巨額を投じて、沖縄県名護市辺野古への米軍新基地建設を強行しようとしています。まさに、世界に例のない異常な米軍基地国家です。

## 地球規模で自由に出撃

旧安保と異なっているのは、米軍が「日本国の安全に寄与する」点が加わったことですが、同時に、60年の安保改定に関する国会議論では、旧安保条約から引き継がれた「極東条項」が大問題になりました。

米側が極東条項を求めたのは、朝鮮半島や台湾など「西太平洋地域」に在日米軍や自衛隊を出撃させ、東アジア地域における米国防衛の前線とするためでした。

国内では、米軍が引き起こす戦争に日本が巻き込まれるのではないかとの世論が高まりました。後に首相となる中曽根康弘衆院議員でさえ、「(極東条項で) むこうの紛争が渡り廊下を通って日本へ入ってくる危険性がないとはいえない」(拓殖大学『総長講演Ⅱ』)と危惧しました。

当時の岸政権は「極東」の範囲を「フィリピン以北並びに日本及びその周辺の地域」(衆院予算委員会、60年2月26日)との政府統一見解を示し、事態収拾を図ろうとしました。しかし、政府は「地理的に正確に確定されたものではない」として、あいまいさは最後まで消えませんでした。

60年代半ば以降、米軍はベトナム・イラク・アフガニスタンなど地球規模に派兵。「極東」の枠組みすら逸脱し、米軍は自国の戦争のために基地を自由に使用しています。

## 「公務中」では日本側が裁けず

第6条に基づく日米地位協定は、米軍基地や米軍関係者に日本の法律を逸脱した権利を認めています。例えば、国内で米兵や軍属が犯罪を起こしても、米側が「公務中」とみなせば第一次裁判権は米側が有し、日本側は裁けません。

日米地位協定に基づいて膨大な国内法も整備されています。例えば、米軍は航空法特例法によって「最低安全高度」を定めた航空法81条の適用を免除されています。こうした特権ぶりを変えようと、日本全国で地位協定改定を求める自治体決議が相次いでいます。

## 5 米国に「日本防衛義務」はあるか（第5条）

「日本国の施政の下にある領域における、いずれか一方に対する武力攻撃」に対して、「自国の憲法上の規定及び手続に従って共通の危険に対処するように行動する」。こう規定した日米安保条約第5条は、日本が攻撃を受けた場合、米軍が自衛隊とともに反撃するという定説の根拠になっています。

外務省は第5条について、「米国の対日防衛義務を定めており、安保条約の中核的な規定である」と解説していますが、本当に米国は日本を「防衛」するのか。

村田良平元外務事務次官は、「米国の日本防衛義務は、条約の主眼ではない」（『村田良平回想録』）と述べ、外務省の解釈と真っ向から反する見解を示しています。

### 否定する当事者、条文の明示もなし

さらに、「『日本の防衛は日米安保により米国が担っている』と考える日本人が今なお存在する」が、「在日米軍基地は日本防衛のためにあるのではなく、米国中心の世界秩序（平和）の維持存続のためにある」（冨澤暉・陸自元幕僚長　安全保障懇話会会誌『安全保障を考える』、2009年7月）、「誤解を恐れずに言うと、在日米軍はもう日本を守っていない」（久間章生元防衛相、『安

保戦略改造論』）――といった見解が公然と出されています。

そもそも、第5条には文言上、米軍の「義務」は何ら明示されていません。米軍は安保条約・日米地位協定に基づいて作戦行動の自由を全面的に確保されており、日本を足掛かりに、地球規模の出撃を繰り返していることを、外交・軍事の当事者は熟知しているのです。日本が米軍に作戦上の「義務」を課すことは不可能です。

海兵隊など米軍に深い人脈を持つ軍事社会学者の北村淳氏は、こう解説します。

「『自国の憲法上の規定及び手続に従って』という文言には、合衆国憲法に規定されることがうたわれています。対日軍事支援は政府や軍の意向だけで決定されず、最終的には連邦議会が決定するのです」。実際、合衆国憲法1条8節11項に、連邦議会の「宣戦布告権」が規定されています。

その上で、「中国による尖閣諸島や宮古島占領といった事態での本格的な軍事介入は米中戦争勃発につながるもので、議会がゴーサインを出す可能性は限りなくゼロに近い」と言います。

演習場内に投入され、展開する米海兵隊員＝2017年3月10日、群馬・相馬原演習場

### 米側から「ただ乗り」と

さらに、北村氏はこう指摘します。「『自衛隊は盾《たて》（後方支援）、米軍は矛《ほこ》（打撃力）』という役割分担が定着してお

り、多くの国民は『万が一の場合は世界最強の米軍が守ってくれる』と考えているが、軍事常識からいえば、第5条にある『日米共通の危険に対処する行動』には、偵察情報の提供、武器弾薬燃料の補給、軍事顧問団による作戦指導、その他多くの『戦闘以外の軍事的支援活動』が含まれています。かりに米国が日本に援軍を派遣して外敵と交戦することを『防衛義務』というならば、安保条約は米国に『義務』を課しているとはいえない」

安保条約第5条は、「日本国の施政の下にある領域における、いずれか一方に対する武力攻撃」が発生した場合、日米が共同行動をとるとしています。他方、北大西洋条約など、米国の他の条約では、当事国および米国のいずれも「共同行動」の適用範囲に含んでいます。他の軍事同盟は国連憲章第51条に基づく集団的自衛権の行使を前提としていますが、日本は憲法の制約上、集団的自衛権の全面的な行使ができないため、こうした規定になっています。

このため、日米安保は「片務的」「ただ乗り」との批判が米側から繰り返されてきました。その代表例が、トランプ米大統領です。

## トランプ大統領の発言の真意は

「(日米安保は)不公平だ」「日本が攻められたときに米国はたたかわなければならない。しかし、米国が攻められたときに日本はたたかわなくてもいい。だから変えなくてはいけない」(2019年6月29日、大阪市での記者会見)

トランプ氏はそれ以前にも同様の発言を繰り返しており、「日米安保条約の破棄」まで言及しました。もちろん、同氏の真意は別のところにあります。「安保破棄、米軍撤退」で日本をどう喝し、米軍駐留経費のさらなる増額や米国製武器の大量購入、憲法9条改悪による自衛隊の役割分担の拡大などをのませることです。

実際、一連の発言を前後して、米メディアでは「米軍駐留経費総額の1・5倍」（ブルームバーグ通信、2019年3月8日）、「思いやり予算の4倍化」（米外交誌フォーリン・ポリシー、同年11月15日）といった、とてつもない負担要求が相次いで報じられました。

そもそも、日米安保体制は米国にとって「不公平」どころか、①資産評価額で世界一の高価な米軍基地②他の同盟国と比べて突出した駐留経費負担③米植民地的な特権が付与された日米地位協定——など、世界で最も米軍に有利なものです。また、朝鮮戦争やベトナム戦争、対ソ「冷戦」などは、いずれも日本なしには実行できませんでした。在日米軍基地は、米国の軍事戦略上、身銭を切ってでも手放したくない最重要拠点なのです。

在日米軍は「日本防衛」とは無縁の、地球規模の遠征部隊です。しかし、日本政府は安保条約5条で米国の「対日防衛義務」が発生していると信じ、しかも、「米本土防衛」ができないという〝負い目〟があります。トランプ政権はまさに、そこを突いて日本政府をゆすり、たかろうとしているのです。

## 本質は共同作戦態勢の深化に

安保条約第5条の本質は、米国の「対日防衛義務」ではありません。米軍と自衛隊の従属関係を深める日米共同作戦態勢＝米軍とともに「戦争する国」づくりの深化にあります。

１９６０年の安保改定以降、日本の軍事費は急増し、自衛隊の強化と日米共同訓練の深化が進みます。78年、初めて策定された日米防衛協力の指針（ガイドライン）で、日本への武力攻撃が発生した際の役割分担に、朝鮮半島や台湾といった「極東有事」での共同作戦の研究が盛り込まれました。97年の改定では、地理的な限定のない「周辺事態」で自衛隊が米軍の支援を行う仕組みがつくられ、実質的な安保条約の大改定となりました。

この間、日本は米国のベトナム戦争やアフガニスタン、イラク戦争の出撃基地となり、自衛隊もインド洋やイラク派兵で米国の戦争に加担。「地球規模の同盟」となりました。

さらに、２０１５年の新ガイドライン策定と安保法制の成立で、集団的自衛権の〝限定的〟行使など、あらゆる事態で「切れ目なく」米軍を支援し、世界中で米国の起こす戦争に自衛隊が参戦する道がつくられました。地球全体から、宇宙・サイバー・電磁波といった新領域にまで〝戦場〟を拡大しています。

## 6 軍事費膨張の大本（第3条）

「日米同盟強化」を掲げる安倍政権のもと、際限のない膨張が続く日本の軍事費。その根源には、軍拡を義務付けた日米安保条約第3条があります。

第3条は「締約国は、個別的に及び相互に協力して、継続的かつ効果的な自助及び相互援助により、武力攻撃に抵抗するそれぞれの能力を、憲法上の規定に従うことを条件として、維持し発展させる」と規定しています。外務省は、日本からみれば「自らの防衛能力の整備に努める」ことを定めたと解説しています。

### 日本の軍拡を義務化

その背景にあるのが、1948年、米上院で可決された「バンデンバーグ決議」です。ここでは米国が他国と安全保障協定を結ぶ際、「継続的かつ効果的な自助と相互援助を基礎」とする——すなわち、相手国が自衛力を増強し、米国にも協力することを軍事同盟の条件にしたのです。トランプ米大統領が日本や韓国などに軍事費の大幅増額を要求し、応じなければ「同盟を破棄する」と〝脅して〟いるのが、その典型的な表れです。

54年7月1日の自衛隊創設に先立つ同年3月8日、日米両政府は、米国が武器供与などの軍事援助を行う日米相互防衛援助協定（ＭＳＡ）に署名しました。同協定は、日本が「自国の防衛のため漸増的に自ら負担を負う」と明記し、日本の軍拡が初めて義務化されました。

57年6月には、当時は本土に配備されていた米海兵隊の沖縄移転をはじめ、米地上戦闘部隊の撤退と引き換えに、最初の軍拡計画である「第1次防衛力整備計画」（1次防）が策定されます。海兵隊移転は、沖縄に負担を強いるのみならず、日本国民全体に負担を強いたのです。

## 米国圧力で有数の軍事大国に

さらに、60年の安保改定で前出の3条が加わり、警察予備隊を創設した50年度に１３１０億円だった軍事費が急増。米国は日本に、ＧＮＰ（国民総生産）比で他の同盟国より負担が少ないと圧力をかけ続け、90年代には米国に次ぐ世界第2位にまで膨張しました。

中国、インドなどの軍拡で現在の順位は下がっているものの、日本は依然として世界有数の軍事大国です。世界１３７カ国の軍事力を分析している米国の調査機関「グローバル・ファイヤーパワー」によると、２０１９年の軍事力ランキングで、米国、ロシア、中国、インド、フランスに次ぐ第6位になっています。

米国による日本への軍拡圧力について、外務省の調査企画部長や情報調査局長を務めた故・岡崎久彦氏は「アメリカの要請で防衛力増強をやってきたということは否定し得べからざる事実でございます」（『情報・戦略論ノートｐａｒｔ2』１９８８年防衛トップセミナー講演録加筆）と認めています。

## 社会保障予算が犠牲に

１９８０年代の中曽根政権以降、米国の要求に基づく軍拡と国民生活との矛盾が激化してきました。89年の消費税導入の旗振りをした当時の渡辺美智雄自民党政調会長（同党税制改革推進本部長）は、外国人記者クラブで「昭和65年（１９９０年）までは年々５・４％ずつ実質的に防衛費を伸ばすというお約束が（米政権と）ある。そうすると、ますます財源がなくなる」と述べ、社会保障などの予算が犠牲になることを認めています。

こうした矛盾は安倍政権の下、さらに激しくなっています。

[上]米国で訓練する陸上自衛隊オスプレイ（防衛省ホームページから）、[中]空母改造が計画されている海上自衛隊護衛艦「いずも」、[下]航空自衛隊のステルス戦闘機F35A

「消費税は社会保障のため」として、2度にわたる消費税増税を強行しながら、7年間（13～19年度）で、高齢化に伴う「自然増」の抑制も含め、4・3兆円もの社会保障費が削減されてきました。その一方で軍事費は、20年度予算案では8年連続で前年度を上回り、過去最大を6年連続で更新する5兆3133億円にまで膨れ上がりました。

その背景には、米国のあからさまな要求があります。米政府の武器輸出制度である有償軍事援助（FMS）による兵器購入契約に基づき、米国製武器の〝爆買い〟を迫るトランプ政権の圧力により、ここ数年で急増。過去最大となった2019年度の7013億円に続き、20年度予算案でも過去3番目に高い4713億円にのぼりました。

「武器取引反対ネットワーク　NAJAT」の杉原浩司代表は、「社会保障の切り捨ての際に必ず持ち出される財源論は軍事費に関しては触れられず、事実上の聖域と化している。憲法9条で戦争放棄をうたう日本で武器見本市が頻繁に開かれ、米国をはじめ英国、イスラエルなどの戦争犯罪に関与する死の商人が、膨張する軍事費に群がっている。一方で社会保障や年金、気候危機や原発被災者、貧困、奨学金など、命と暮らしを支える分野には手当てが行き届いていない。予算は主権者が決めるもの。『武器より暮らしを』を合言葉にテーマを超えて横につながり、予算の組み替えを迫りたい」と話します。

## 日本の軍事費の推移

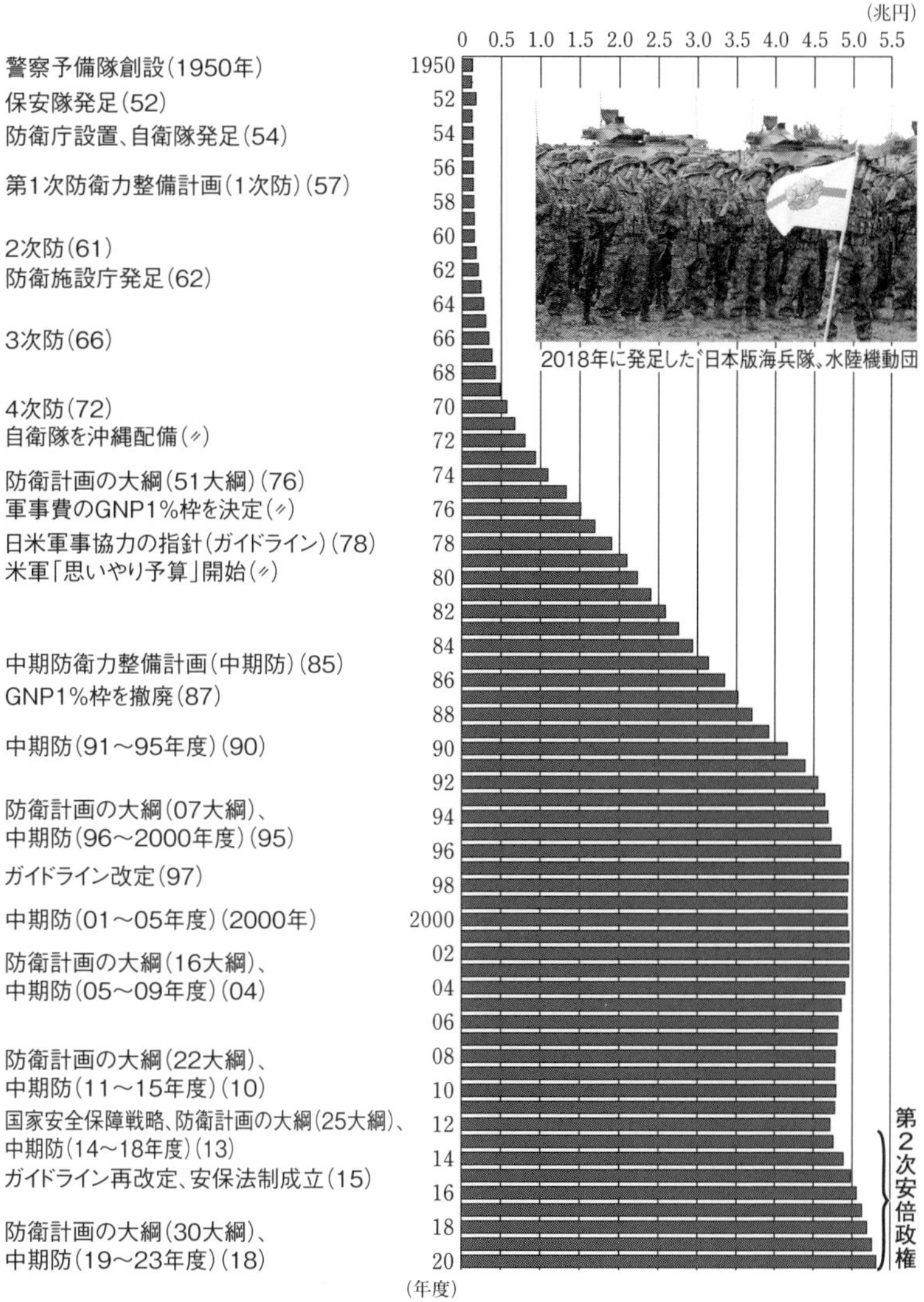

2018年に発足した"日本版海兵隊"水陸機動団

＊97年度以降はSACO(沖縄に関する日米特別行動委員会)関係経費、07年度以降はSACO関係経費や米軍再編関係経費などを含む額。2020年度は予算案

## 7 経済も米国の従属下（第2条）

軍事関係の条文が並ぶ日米安保条約の中で異彩を放つのが「経済条項」と呼ばれる第2条です。同条は日米間の「国際経済政策におけるくい違いを除くことに努め、また、両国の間の経済的協力を促進する」と規定。1960年の安保改定で新たに盛り込まれました。

戦後日本は、軍事だけでなく経済でも米国の従属下におかれてきました。農産物の輸入自由化やエネルギー政策の転換、規制緩和、金融自由化などを押し付けられ、国内経済はゆがめられてきました。その背景に第2条の存在があります。

### 経済協力は「米日同盟の核心」

それをあからさまに示しているのがトランプ政権下における日米貿易交渉です。2019年11月20日、米下院歳入委員会の通商小委員会で開かれた公聴会。同年10月に日米両政府が署名した日米貿易協定をめぐり、議員から「不十分な協定だ」との不満が相次ぎました。米政府は同協定で米国産牛肉の大幅な関税削減を日本に譲歩させましたが、コメや乳製品など「より包括的な合意」を求めました。

そんな中、委員会に出席した米シンクタンクの戦略国際問題研究所（CSIS）上級副所長のマシュー・グッドマン氏はこう証言しました。
「注目すべきは、国際的な経済協力は米日同盟の核心であるということだ。1960年の安全保障条約の第2条に書いてある」。そのうえで同氏は第2条全文を示し、さらなる関税撤廃や米企業の日本進出を阻む障壁を取り除くよう求めました。

## 通商交渉を米国有利に

安保条約第2条は北大西洋条約などの経済条項と共通しており、米国の要求にもとづいて盛り込まれました。

日米貿易協定の合意を確認した共同声明に署名する安倍晋三首相とトランプ米大統領＝2019年9月25日、ニューヨーク（首相官邸HPから）

1958年10月4日に岸信介首相、藤山愛一郎外相、マッカーサー駐日米大使らが日米安保条約改定交渉の初会合を開いた際の「会談録」によると、マッカーサー氏は第2条の目的について、「太平洋地域に於《お》ける経済協力は東南アジア開発問題とも関連するし、又《また》通商障壁の除去等は日米通商関係にも関連するものである」と説明しています。(注)

こうした説明からは、米国は当初から第2条をテコに日本との通商交渉を有利に進め、自国の経済ルールを押し付けようという狙いを持っていたことがうかがえます。

加えて、米国は当時、アジア地域の「社会主義」化を警戒していました。57年1月に国家安全保障会議（NSC）が採択した文書は、南アジアで「非同盟」「反植民地主義」を特徴とする地域が形成されつつあると指摘。同地域は「経済援助を熱望」しており、ソ連・中国が経済援助やプロパガンダ、政治家や文化人の招待を行い、影響力を高めていると警鐘を鳴らしています。高度経済成長期にあった日本を米国の自由主義経済圏にとどめ、日米が協力して東南アジアへの「経済支援」を強める狙いがあったのです。

（注）外務省「いわゆる『密約』問題に関する調査」その他関連文書（1960年1月の安保条約改定時の核持込みに関する「密約」問題関連・4分冊の1）。

## 安保条約を盾に富が収奪される危険

**横浜国立大学名誉教授　萩原伸次郎さん**

1950年の朝鮮戦争で日本は兵たん基地として使われ、朝鮮特需で日本産業は息を吹き返し、55年から高度経済成長が始まりました。そうした展開の中、米国は自らの経済圏に日本をとどめるために安保条約第2条を入れたのでしょう。

しかし、70～80年代にかけて米国は多国籍化で産業の空洞化が進む一方、日本は家電や自動車を大量に輸出し、日米の経済関係は悪化。安保条約第2条を活用し、米国にとって有利な要求を日本に押し付けるようになったのが、レーガン政権期の80年代です。

決定的だったのは94年から始まった年次改革要望書方式です。日米両政府は毎年、要望書を交わし、米国は多くの構造問題の要求を突き付け、日本からの要求は全て無視しました。大規模店舗の規制緩和や投機的取引の自由化、米国型の直接金融の導入など、さまざまな分野の要求を実現させました。

日米安保条約は経済関係を根本的に規定しています。そして、経済は政治の基本にあります。オバマ政権が民主党の鳩山政権降ろしを始めたのも、鳩山氏が「東アジア共同体を目指す」と演説したのがきっかけでした。米国はＴＰＰ（環太平洋連携協定）でアジア太平洋の覇権を握る方針だったからです。

最近はトランプ米大統領が「高額武器を買え」「駐留経費をもっと負担しろ」と要求しています。落ち目の米国に登場した大統領は、既存のシステムを米国に有利な方向へ壊しています。ＥＵ（欧州連合）が米国に反する経済政策を打ち出すため、「ＥＵ解体」「ＮＡＴＯは古い」と主張しています。

この事態の中、日本は安保条約を盾にとられて、富が収奪される危険は高い。安保条約廃棄は困難な仕事ですが、米国がいかに不当な要求をするのかを国民に知らせ、その根源にある安保条約は国民の意思でやめることができると伝えていくことが必要です。

## 日本の政府、企業をスパイする米国

近年では、米政府が日本政府や日本企業に対して「経済スパイ」を仕掛けていたことが浮き彫りになっています。

内部告発サイト「ウィキリークス」（wikileaks）が2015年に暴露した米国家安全保障局（NSA）のリストによると、NSAは少なくとも07年の第1次安倍政権から、外務省や経済産業省、財務省、日銀、大手日本企業などの電話を盗聴してきました。08年のG8洞爺湖サミットでは、温室効果ガス削減に関する日本政府の気候変動政策を発表前に入手。日米通商交渉前に日本の農林水産相が発言する内容も事前に通知していました。

NSAは米国防総省の傘下にある諜報《ちょうほう》機関で、在日米軍基地に多数の要員を配置しています。米政府は日本を「最も大事な同盟国」としながら、通商交渉で優位に立つために、日本政府を容赦なく盗聴していたのです。

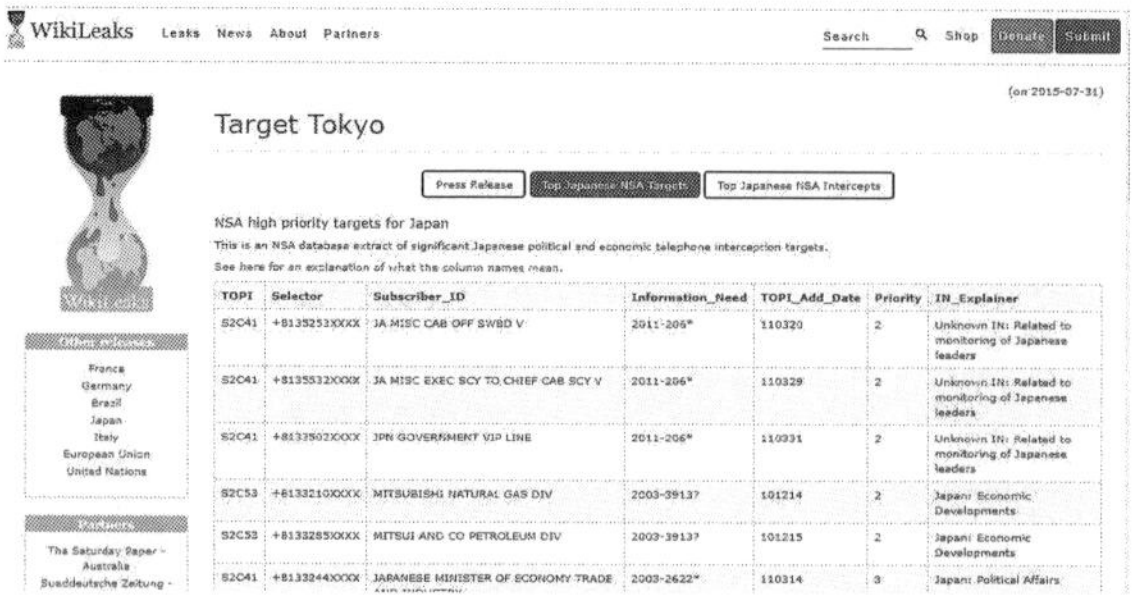

WikiLeaks Leaks News About Partners Search Shop Donate Submit

(on 2015-07-31)

Target Tokyo

Press Release / Top Japanese NSA Targets / Top Japanese NSA Intercepts

NSA high priority targets for Japan

This is an NSA database extract of significant Japanese political and economic telephone interception targets.

See here for an explanation of what the column names mean.

| TOPI | Selector | Subscriber_ID | Information_Need | TOPI_Add_Date | Priority | IN_Explainer |
|---|---|---|---|---|---|---|
| S2C41 | +8135253XXXX | JA MISC CAB OFF SWBD V | 2011-206* | 110320 | 2 | Unknown IN: Related to monitoring of Japanese leaders |
| S2C41 | +8135532XXXX | JA MISC EXEC SCY TO CHIEF CAB SCY V | 2011-206* | 110329 | 2 | Unknown IN: Related to monitoring of Japanese leaders |
| S2C41 | +8133502XXXX | JPN GOVERNMENT VIP LINE | 2011-206* | 110331 | 2 | Unknown IN: Related to monitoring of Japanese leaders |
| S2C53 | +8133210XXXX | MITSUBISHI NATURAL GAS DIV | 2003-3913? | 101214 | 2 | Japan: Economic Developments |
| S2C53 | +8133285XXXX | MITSUI AND CO PETROLEUM DIV | 2003-3913? | 101215 | 2 | Japan: Economic Developments |
| S2C41 | +8133244XXXX | JAPANESE MINISTER OF ECONOMY TRADE | 2003-2622* | 110314 | 3 | Japan: Political Affairs |

France
Germany
Brazil
Japan
Italy
European Union
United Nations

The Saturday Paper - Australia
Sueddeutsche Zeitung -

ウィキリークスが2015年7月31日付で公表したNSAの盗聴先電話番号の一覧（Target Tokyo）。日本の国番号から始まり、省庁や企業の電話番号が記載されている

## 8 隠された「米軍基準」――元空自幹部の証言

戦後、米国が世界に張り巡らせた軍事同盟は、米軍の駐留権を確保すると同時に、同盟国に補完的役割を担わせることを特質としています。1950年の警察予備隊の創設以来、米軍に育成されてきた自衛隊も、60年の日米安保条約改定を機に、「日本防衛」の第一義的な責任を負うと同時に、米軍の戦略に深く組み込まれていきます。

### 「防空」の責任は自衛隊に

その第一歩と言えるのが、在日米空軍（第5空軍）から航空自衛隊への「防空」任務の移管でした。空自は、58年4月から、航空警戒監視および管制機能・組織の米軍からの移管（60年）と併行して、領空侵犯の恐れのある彼我不明機に対する「対領空侵犯措置」を開始しました。59年9月に締結された「日本の防空実施のための取極」（松前・バーンズ協定(注)）は、「米軍は安保条約のもと、日本に駐留し、日本の防空を日米それぞれの指揮系統において行う」としていますが、米軍は65年6月に対領空侵犯措置のための警戒待機を終了。実際は、自衛隊が「防空」の全面的な責任を負うことになります。

自衛隊法では、対領空侵犯措置の武器使用基準は警察官職務執行法に準拠しています。一方、外務省が2013年に公開した外交文書によれば、米軍は「『交戦』という概念で、すべての戦闘行動を律して」おり、戦闘機は敵対行動をとる敵機に対し、「攻撃（先制攻撃を含む）を加え、撃墜する義務を有する」といいます。

しかし、政府は国会で、米軍と空自の対領空侵犯措置行動規範は「おおむね同じ」と答弁していました。真相はどうだったのか――。

## 秘匿度高い規則を米軍から

空自幹部として警戒管制部隊勤務の経歴を持つ林吉永・元空将補（国際地政学研究所事務局長）は、空自は「米軍から秘匿度の高い対領空侵犯措置実施規則を譲り受けた」と証言します。

米軍にとっては、空自への対領空侵犯措置移管の当時、朝鮮半島に接続する日本上空も「戦場」でした。このため、「武器使用の権限」を「戦時基準の領空侵犯措置」において下位職責にまで委任。空自は、この「対領空侵犯措置規則」を引き継いだといいます。こうした事実は公にされていません。

その危険性があらわになったのが、1987年12月9日の「ソ連のTu16バジャー電子偵察機が沖縄本島や沖永良部島、徳之島を領空侵犯」した事件でした。

那覇基地を緊急発進した空自F4戦闘機は、ソ連機の領空侵犯に対して20ミリ機関砲に混在している信号弾による警告射撃を行いました。外国軍に対する実弾の使用は、自衛隊史上初めて。対領空侵犯措置では、これが唯一の事例です。

## 「『交戦状態』への覚悟問われる」

信号弾は、熱効果で発光するもので、真後ろからでなければはっきり見えません。林氏は、「こうした『秘』扱いの『対領空侵犯措置要領』は、翌年（88年）5月のNHK『クローズアップ現代――ソ連機の沖縄領空侵犯』で詳細が放映されましたが、公開はされていません。国際法など万国共通の手順でもないので、信号弾による警告射撃を『撃たれた』と判断して撃ち返してくる危険な蓋然《がいぜん》性があります」と指摘します。

当事者として与座岳レーダーサイト（沖縄県糸満市）の司令だった林氏は、信号射撃の実施に否定的でしたが、南西航空混成団司令は、「対領空侵犯措置実施規則」に従って「信号射撃」を指示。林氏は、「相手が撃ち返してくるかもしれない一触即発の状況下の武器使用に、どのようなリスクがあるのか。大韓航空機を撃墜したソ連は、『反撃の恐れ』を考えたはず。『交戦状態に陥ったら』文民統制上も外交上も、きわめて深刻な問題がおきる。それを覚悟したのかが問われてしかるべきだ」といいます。

那覇基地を緊急発進する空自F15戦闘機
（航空自衛隊チャンネルから）

## 安保法制のもとで判断が現場に

戦後、米軍は自らの補完部隊として自衛隊を位置付け、「一体

米原子力空母ロナルド・レーガン（奥）と並走する海上自衛隊イージス艦「みょうこう」＝2019年8月15日、フィリピン海（米海軍ウェブサイトから）

化」を図ってきました。これを阻んできたのが、「海外派兵・集団的自衛権行使の禁止」「米軍（他国）の指揮下に入らない」「米軍の武力行使との一体化を避ける」といった憲法9条の〝制約〟です。

しかし、現場では、すでになし崩しの〝一体化〟が進んでいます。空自の場合、米軍は自動警戒管制組織（BADGE）と米軍システムとの連接を要求してきましたが、後継システム（JADGE）は最初から連接を前提としています。

海自は戦術データリンクを通じて米海軍との情報共有を積極的に進めてきましたが、今後就役するイージス艦は、敵のミサイルや航空機の位置情報を共有するシステム「共同交戦能力（CEC）」を搭載。「攻撃目標」を米軍と共有することになります。

重大なのは、安倍政権が強行した安保法制の下、米艦船・航空機の「防護」が可能になり、武器使用の判断が現場指揮官に委ねられたということです。「平時の行動」でも、対応しだいでは、米軍の戦争に巻き込まれる危険が増しています。

## 「戦争抑止のために〝迷え〟」

いま、システム上は、「プログラムされたとおりに物事が進められるデジタル化（自動化）」が進み、アナログ的「迷いや逡巡《しゅんじゅん》」がなくなることで、1987年のソ連機領空侵犯事件よりも、「手順の通り、当然のごとく信号射撃を行う」危険性がはるかに高くなっています。林氏はこう訴えかけます。

「すべてがネットワーク化され、攻撃目標が自動的に設定されている中にあって、人間が戦争を抑止できる優れた唯一の点は、『迷う』こと。規則だからと反射的にボタンを押すのではなく、押せばどうなるのか。『平時だからこそ』逡巡してほしい。それが戦争や武力行使と無関係な『日本の国のかたちを維持する』時代精神になるはずです」

（注）政府は、松前・バーンズ協定について非公開としていますが、実際には政府答弁の中で主要項目が詳細に述べられています（『防衛研究所紀要第15巻第1号（2012・10）』――「航空警戒管制組織の形成と航空自衛隊への移管」）。

## ９ 日米同盟を抜け出せば

米国は戦後、いつでも、どこでも軍事介入を可能とするため、地球的規模で軍事同盟網を張り巡らせてきました。今なお、５１４の海外基地（イラク・アフガニスタンを除く）を有し、17万人以上の米兵が海外展開しています。しかし、現在では米国の軍事同盟網の多くが解散または機能停止に陥り、在外兵力も縮小の一途をたどっています。（47ページ表）

### 軍事同盟の存在理由が消滅

実態として機能しているのは、日米同盟以外にはＮＡＴＯ（北大西洋条約機構）、米韓同盟ぐらいです。

しかし、「東西冷戦」の産物だったＮＡＴＯは、ソ連崩壊と東欧のワルシャワ条約機構の消滅で存在理由を喪失。その後、イラク戦争への参戦をめぐって分断され、現在はイラン核合意をめぐってトランプ政権との亀裂が深まっています。軍事費増額を要求するトランプ政権とのあつれきも強まり、「ＮＡＴＯは脳死」（フランス・マクロン大統領）という声が公然と出ています。

一方、朝鮮戦争を機に生まれた米韓同盟はどうでしょうか。韓国の文在寅《ムンジェイン》大統領は２０１９年8月15日の「光復節」で、２０４５年までの南北統一を表明。一方、米朝による朝鮮半島非核化交渉は停滞していますが、決裂しているわけではありません。こうした平和の流れが現実のものになれば、米韓同盟の存在理由は消滅します。

軍事同盟の中核にあるのは「核抑止」です。戦後、米国をはじめとした核保有大国は核兵器を独占し、核軍拡競争を正当化してきました。これに決定的な打撃を与えたのが、2017年7月、国連で122カ国の賛成で採択された核兵器禁止条約です。

**主要な軍事同盟の状況**

**維持・強化**

日米安保条約
　一路強化。世界最大の2国間同盟に
北大西洋条約（NATO）
　欧州。対米関係をめぐって分断・亀裂
米韓相互防衛条約
　在韓米軍撤退論が繰り返される

**機能停止・縮小**

太平洋安全保障条約（ANZUS）
　オセアニア。1985年、ニュージーランドが米艦船の寄港拒否。事実上「米豪同盟」に
米州相互防衛条約（リオ条約）
　中南米。メキシコなど脱退が相次ぎ、機能不全に
米比（フィリピン）相互防衛条約
　1992年に米軍が全面撤退。一方、2014年に新軍事協定を締結。全土に米軍の展開が可能に

**解散・失効**

東南アジア条約機構（SEATO）
　米軍のベトナム戦争敗北で1977年に解散
中央条約機構（CENTO）
　中東。1979年のイラン革命を機に解散
ワルシャワ条約機構
　東欧。ソ連崩壊直前の1991年に解散
米華相互防衛条約
　台湾。米中国交樹立で1979年に失効

賛成票を投じたのは、アジア・アフリカ・中南米を中心とした非同盟諸国です。その背景にあるのが、日本の被爆者団体をはじめとした市民の運動です。

アジアや中南米では、軍事同盟に代わる平和の地域共同体が台頭して

核兵器禁止条約を採択して総立ちの拍手で閉幕を迎える国連会議＝2017年7月7日、ニューヨーク（池田晋撮影）

います。とくに、かつては米国の軍事同盟網で分断させられていた東南アジアでは、東南アジア諸国連合（ＡＳＥＡＮ）が発展し、紛争の平和的解決を掲げた東南アジア友好協力条約（ＴＡＣ）を域外にも広げ、世界の平和的秩序に大きく貢献しています。

米国が圧倒的な軍事力・経済力で世界を支配していた時代はとうに過ぎ去っています。

## 「中国の脅威」口実に一路増強

一方、日米同盟は一路増強の道を歩んでいます。在外米軍の3割近くが日本に集中し、世界最大の「米軍基地国家」になっています（49㌻のグラフ、２０１９年12月末現在）。こうした下、沖縄県民の民意を無視しての米軍新基地建設の強行、屈辱的な日米地位協定の下で繰り返される米兵犯罪、昼夜分かたぬ米軍機の爆音被害、環境汚染といった基地被害が続いています。

さらに、安倍政権の異常な「アメリカ言いなり政治」により、暮らし破壊の大軍拡やトランプ米政権の圧力による米国製武器の爆買い、日本の市場を全面的に明け渡す日米貿易交渉など、国民との矛盾がかつてなく激化しています。

こうした「アメリカ言いなり政治」を正当化する最大の口実が、中国の存在です。

中国が覇権主義的傾向を強め、大軍拡や東シナ海、南シナ海への進出と力による現状変更、尖閣諸島など日本の領空・領海侵犯を繰り返していることは決して許されません。

しかし、安倍政権は中国にこうした問題の解決を正面から提起したことは一度もありません。それどころか、習近平国家主席を国賓として迎えるために、香港やウイグルでの人権侵害を含め、いっさいの批判を封印しています。その一方で、日米同盟強化・軍拡の口実として「中国脅威」をあおる――。姑息《こそく》といわざるをえません。

また、米国が安保条約5条に基づいて「対日防衛義務」を果たすというのも幻想にすぎません。そもそも、米国は他国の領土紛争に対して中立を維持することを外交方針としており、尖閣諸島を発端とした中国との軍事衝突が起こった場合、米国が関与する可能性は限りなく低いのです(注)。

在外米軍の推移

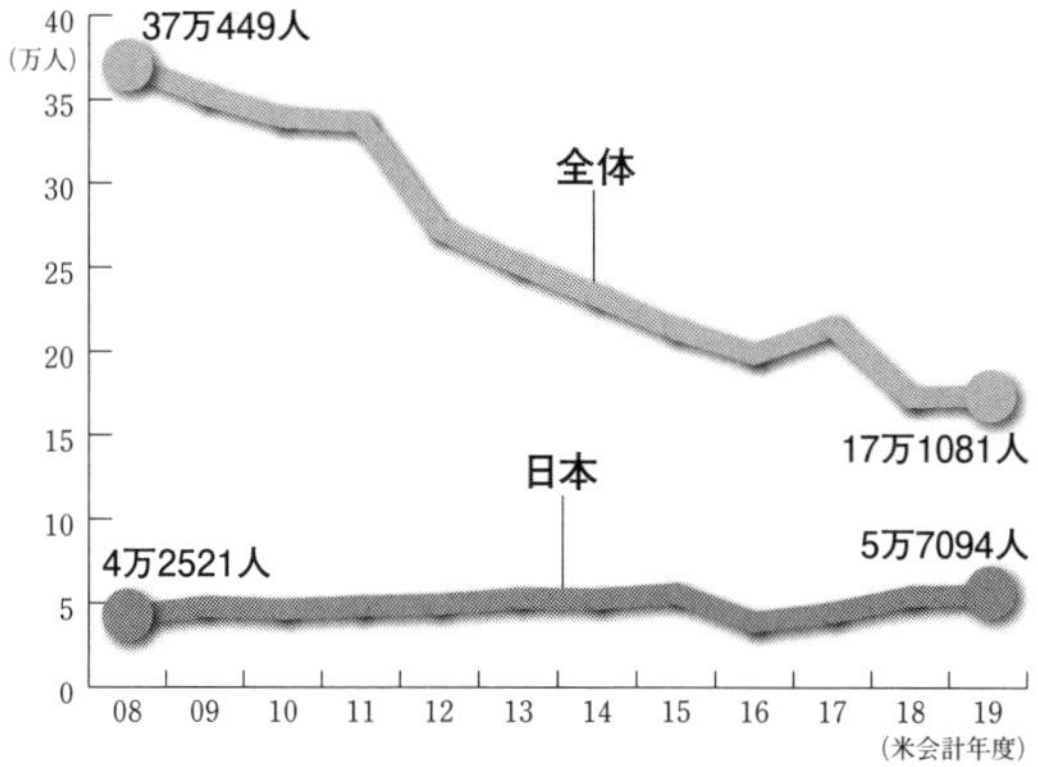


(米国防総省資料から作成)

## 真に対等な日米関係へ

「アメリカ言いなり政治」の根底にあるのが日米安保条約です。親米を自認する河野克俊前統合幕僚長でさえ、「進駐軍（米占領軍）の駐留継続を合法的に位置づけたのが安保条約。戦勝国と敗戦国との間の条約であり、成り立ちからして、米国のいいようにつくられている」（2020年1月24日、日本記者クラブでの会見）と認めるように、米国の占領継続こそ、安保体制の本質です。

安倍政権の「アメリカ言いなり政治」が極まっている今こそ、「安保絶対」の思考停止から抜け出し、その是非を問うときです。

安保条約から抜け出せば、大きな展望が開かれます。全国の基地や地位協定の問題が一挙に解決され、経済面でも、貿易、金融などの分野で自主的な経済体制を確立することができます。日米友好条約を結び、真に「対等な日米関係」が実現できます。

核兵器禁止条約にも堂々と署名し、「核兵器のない世界」へ主導的役割を果たせます。憲法に基づいた平和外交で、北東アジアの平和と安定に貢献することもできます。

現行の安保条約は第10条で、米国にいつでも廃棄通告を行えば、「通告が行われた後1年で終了する」と明記しています。この10条を使って、安保条約は合法的に廃棄することができます。

（注）米国務省が1972年3月に作成した「報道手引」は「（日中間の）尖閣諸島の領有権争いについて中立であるという米国の基本的な立場に変更はない」との立場を示した上で、安保条約が適用されるかどうか問われた際「安保条約の条項は〝日本施政下〟に適用される、それゆえ尖閣諸島にも適用されると解釈できるようにこたえるべきである」（傍点は著者による）と明記しています（Digital National Security Archive）。

# 10 米軍機事故、イタリアでは——元空軍幹部が語る

## NATO第5戦術空軍司令官
## レオナルド・トリカリコ氏に聞く

イタリア空軍参謀総長、イタリア首相軍事顧問（1999～2004年）、NATO第5戦術空軍司令官などを歴任。現在は、安全保障問題シンクタンク「情報文化・戦略財団」（ICSA＝Intelligence Culture and Strategic Analysis）議長

1998年2月、イタリア北東部のスキー場で低空飛行訓練中の米海兵隊機がロープウエーのケーブルに接触・切断し、ゴンドラが落下して20人が死亡する事故が発生しました。アメリカの裁判でパイロットは無罪となり、イタリア国民の怒りが沸騰。米・イタリア両政府は99年4月16日、米軍機の飛行はイタリア当局の許可を必要とすることで合意しました（54ページに**表**）。当時、イタリア側の交渉代表者だったレオナルド・トリカリコ元イタリア空軍参謀総長・NATO（北大西洋条約機構）第5戦術空軍司令官に交渉の経緯や日米関係、日米地位協定について聞きました。

――事故当時、どう対応しましたか。

悲劇であり、イタリア人として心が痛みました。しかし、パイロットとして本能的に、山地での低空飛行の通常の事故だと考えました。そのような事故は、それまでにも起きていたからです。

## 両国で調査委設置

1年後、私は、政府から事故原因の調査を行うよう任命されました。当時のダレーマ首相がクリントン米大統領との間で、事故調査委員会の設置で合意したからです。

私は米側代表のプルアー提督に、「一緒に合意した報告を作ろう。そのことが国際社会に重要なシグナルを送ることになる」と呼びかけました。彼はもちろん同意しました。

「トリカリコ・プルアー報告」ができたとき、最初、米国は署名を渋りました。米国は、報告書を、イタリアでの米軍の飛行活動に対する「罰」だと解釈したからです。報告書を何度も送り返してきました。米側が報告書のもっとも重要な一文――「米軍がイタリア国内で低空飛行を行おうとするいかなる場合も、イタリア当局の許可を得なければならない」という文言を受け入れなかったからです。

報告書の締め切り期限3日前の99年4月中旬、私はワシントンの米国防総省で米国の委員会と話し合いを持ちました。しかし、彼らの主張は、先ほど述べた文言を受け入れるつもりはないということに尽きていました。

## 「主権はわれわれが持っている」

私はこう言いました。「あなた方はイタリアで20人を死なせたが、米国の司法は乗組員を無罪にした。ということはルールが正しくなかったということであり、われわれはルールを改定した。それはあなた方に送った通りだ。あなた方はこれを受け入れなければならない。わが国においては、われわれが全面的に主権を持っているからだ」

結局、彼らは署名したのです。ただ、ここからがあなた方（日本人）にとって重要だと認識してほしい。

イタリア北東部カバレーゼ近くのスキー場で、米海兵隊機の低空飛行訓練によるロープウエー切断で墜落したゴンドラを共同調査する米軍とイタリア当局＝1998年2月5日（ロイター）

会合の後、プルアー提督は、少し離れた部屋の片隅で私にこう言いました。「あなたは正しい。しかしあなたは米国を理解しなければならない。あなたが今日やったことを、他の国々もやるかもしれない。そうなると、われわれにとってとても不都合なのだ」と。それが理由で、米国は署名したがらなかったのです。

## 拘束力ある規制を
## ——1998年のイタリアのスキー場事故は日

| イタリア | 日本 |
|---|---|
| 米軍は許可なしに低空飛行訓練できない | 低空飛行訓練の実施・中止は米軍に決定権がある |
| ■米軍司令官は、毎日の飛行計画をイタリア空軍基地司令官に提出する。米軍司令官は、その任務がイタリアの飛行規則に合致していることを証明し、低空飛行訓練をおこなう資格があることを証明する。<br>■証明を受け、イタリア基地司令官の同意を得た米軍部隊は、1週間に認められる飛行活動のうち25%を上限として低空飛行訓練を認められる。<br>■前進配備・ローテーション部隊は、イタリア国防参謀が許可した演習への参加か、イタリア側が許可した場合のみ、低空飛行訓練ができる。<br>■空母艦載機などの低空飛行訓練も、証明を受け、承認された場合に限る。<br>（1999・4・16　米国とイタリアの低空飛行訓練見直しに関する国防相合意） | ■低空飛行の間、在日米軍は、原子力エネルギー施設や民間空港などの場所を、安全かつ実際的な形で回避し、人口密集地域や公共の安全に係る他の建造物（学校、病院等）に妥当な考慮を払う。<br>■在日米軍は、国際民間航空機関（ICAO）や日本の航空法により規定される最低高度基準を用いており、低空飛行訓練を実施する際、同一の米軍飛行高度規制を現在適用している。<br>■週末および日本の祭日における低空飛行訓練を、米軍の運用即応態勢上の必要性から不可欠と認められるものに限定する。➡「不可欠」なら、いくらでもできる！<br>（1999・1・14　在日米軍の低空飛行訓練に関する日米合同委員会合意） |
| 最低飛行高度 | |
| 600メートル⇨事実上、イタリア国内では実施困難 | ①人口密集地の最も高い障害物上空から300メートル②人けのない地域や水面から150メートル |

**本にも衝撃を与え、99年1月14日、在日米軍の低空飛行訓練を規制するための日米合同委員会合意が発表されましたが、何の法的拘束力もありません（表）。米軍は低空飛行ルートを勝手に引き、日本政府にも知らせないまま、訓練を続けています。イタリアの場合はどうでしょうか。**

　イタリアにおける低空飛行に関する規則は、米国、あるいは他国も同様に、わが国の空域を飛ぶ許可を得るために、正確な飛行計画をイタリア空軍に提出するよう義務付けています。日本などでも、国家主権に基づいて、低空飛行にも通常飛行一般にも法的拘束力のある規則や法令の制定が認められるべきだと思います。低空飛行ルールに関するいかなる規則や法令も、疑いなく法的拘束力を持つべきであり、すべての航空機はそれを順守すべきです。

**空域使用では法律・法令の尊重を**

**――日本の首都圏には「横田空域（ラプコン、横田進入管制区）」と呼ばれる、米軍が管制権を持つ広大な空域が存在します。東京を離着陸する民間航空機は原則として、この空域を避けるため、遠回りや急降下を余儀なくされます。イタリアでは、このような空域は存在しますか。**

空域は、管轄する当局によって定められた一連の合意済みの条件と法令によって規制されなければなりません。イタリアの場合、これらの作業は、運輸省（民間航空局を通じて）と国防省（軍の上級司令部を通じて）によって行われます。その国の空域の使用は、常に受け入れ国と、空域を使用する必要のある諸国との間で合意しなければならず、その使

徳島県海陽町の入道山を背景に低空飛行するFA18スーパーホーネットとみられる戦闘機＝2019年5月22日午後3時すぎ（有田忠弘氏撮影）

用は、常にその国の法律や法令を全面的に尊重して行われなければなりません。

## 国内法免除、考えられない

**――日本政府はかつて、日米地位協定について「NATO（北大西洋条約機構）並み」にしてほしいと訴えていました。しかし、安倍政権は「NATO並み」を放棄しています。その理由は、「NATOは相互防衛条約だが、日米安保条約では日本が米本土を防衛する義務がなく、NATO諸国と同等の関係を得るのは現実的ではない」というものです。また、NATO諸国とは異なり、日米地位協定では、駐留米軍は「国内法不適用」が原則となっています。そこには、「日本は米国に守られているから、言うべきことを言えない」という意識があります（外務省『日米地位協定Q&A』）。対米関係はどうあるべきだと考えますか。**

日本の当局は、北大西洋条約といった米国が結んだ他の条約にかかわりなく、日本国民の期待により合致した形で主権領土内での（米軍の）行動のルールに関して自由に合意できます。米国との合意は、日本国民の利益を尊重するために立案し、協議すべきです。これらの合意は、米軍基地から近くても遠くても、日本の市民の必要性と権利に沿い、日本の利益ともっと一致したものであるべきです。

日本の米軍基地に駐留する米軍要員が日本の国内法の順守を免除されているというのは、考えられないことです。日米関係を守るためにも、新たな合意に書き換える必要性について真剣に検討すべきです。

また、二つの民主国家の関係は相互の尊敬に基づくべきだと理解することが重要です。したがってこのような文脈では、〝道徳的な恐喝〟（そんなものが存在するならば）などは考えるべきではありません。二つの国家の協力は、双方にとって有益で、共通の目的を共有するものであるべきです。日本に対する米国の保護政策は、アジア・太平洋地域の地政学的情勢といった死活的に重要な問題を話し合うときに、（米国に従わせるための）テコとして使われてはなりません。

## 平和的に暮らす権利

**――日米両政府は、沖縄県の人口密集地にある米海兵隊普天間基地の返還条件として、県内の辺野古沿岸部を埋め立てて代替基地の建設を進めています。圧倒的多数の住民・自治体は反対しています。辺野古新基地について、どう考えますか。**

沖縄県民は、自らの慣習と伝統に基づき、平和的に暮らす権利を持っています。日米両政府と沖縄県は、そのような条件が守られるようあらゆる努力を尽くす必要があります。当該住民が、外国の意思の押し付けによって何らかの状況を耐え忍ばなければならないというような状況は、とりわけ平時には、いかなる理由でも許されません。

**――来日したいという希望はありますか。**

もし公式の招待を受ければ、喜んで十分な検討を行います。とりわけ、沖縄とその住民のために何らかの支援になるという理由ならなおさらです。

## ［資料1］　旧安保条約全文

# 日本国とアメリカ合衆国との間の安全保障条約

1951年9月8日　サンフランシスコで署名
1952年4月28日　公布・発効

日本国は、本日連合国との平和条約に署名した。日本国は、武装を解除されているので、平和条約の効力発生の時において固有の自衛権を行使する有効な手段をもたない。

無責任な軍国主義がまだ世界から駆逐されていないので、前記の状態にある日本国には危険がある。よつて、日本国は、平和条約が日本国とアメリカ合衆国の間に効力を生ずるのと同時に効力を生ずべきアメリカ合衆国との安全保障条約を希望する。

平和条約は、日本国が主権国として集団的安全保障取極を締結する権利を有することを承認し、さらに、国際連合憲章は、すべての国が個別的及び集団的自衛の固有の権利を有することを承認している。

これらの権利の行使として、日本国は、その防衛のための暫定措置として、日本国に対する武力攻撃を阻止するため日本国内及びその附近にアメリカ合衆国がその軍隊を維持することを希望する。

アメリカ合衆国は、平和と安全のために、現在、若干の自国軍隊を日本国内及びその附近に維持する意思がある。但し、アメリカ合衆国は、日本国が、攻撃的な脅威となり又は国際連合憲章の目的及び原則に従つて平和と安全を増進すること以外に用いられうべき軍備をもつことを常に避けつつ、直接及び間接の侵略に対する自国の防衛のため漸増的に自ら責任を負うことを期待する。

よつて、両国は、次のとおり協定した。

**第一条**

平和条約及びこの条約の効力発生と同時に、アメリカ合衆国の陸軍、空軍及び海軍を日本国内及びその附近に配備する権利を、日本国は、許与し、アメリカ合衆国は、これを受諾する。この軍隊は、極東における国際の平和と安全の維持に寄与し、並びに、一又は二以上の外部の国による教唆又は干渉によつて引き起された日本国における大規模の内乱及び騒じようを鎮圧するため日本国政府の明示の要請に応じて与えられる援助を含めて、外部からの武力攻撃に対する日本国の安全に寄与するために使用することができる。

**第二条**

　第一条に掲げる権利が行使される間は、日本国は、アメリカ合衆国の事前の同意なくして、基地、基地における若しくは基地に関する権利、権力若しくは権能、駐兵若しくは演習の権利又は陸軍、空軍若しくは海軍の通過の権利を第三国に許与しない。

**第三条**

　アメリカ合衆国の軍隊の日本国内及びその附近における配備を規律する条件は、両政府間の行政協定で決定する。

**第四条**

　この条約は、国際連合又はその他による日本区域における国際の平和と安全の維持のため充分な定をする国際連合の措置又はこれに代る個別的若しくは集団的の安全保障措置が効力を生じたと日本国及びアメリカ合衆国の政府が認めた時はいつでも効力を失うものとする。

**第五条**

　この条約は、日本国及びアメリカ合衆国によつて批准されなければならない。この条約は、批准書が両国によつてワシントンで交換された時に効力を生ずる。

［資料2］現行安保条約全文

## 日本国とアメリカ合衆国との間の相互協力及び安全保障条約

1960年1月19日　ワシントンで署名
6月23日　批准、発効

日本国及びアメリカ合衆国は、

両国の間に伝統的に存在する平和及び友好の関係を強化し、並びに民主主義の諸原則、個人の自由及び法の支配を擁護することを希望し、

また、両国の間の一層緊密な経済的協力を促進し、並びにそれぞれの国における経済的安定及び福祉の条件を助長することを希望し、

国際連合憲章の目的及び原則に対する信念並びにすべての国民及びすべての政府とともに平和のうちに生きようとする願望を再確認し、

両国が国際連合憲章に定める個別的又は集団的自衛の固有の権利を有していることを確認し、

両国が極東における国際の平和及び安全の維持に共通の関心を有することを考慮し、

相互協力及び安全保障条約を締結することを決意し、

よつて、次のとおり協定する。

**第一条**

締約国は、国際連合憲章に定めるところに従い、それぞれが関係することのある国際紛争を平和的手段によつて国際の平和及び安全並びに正義を危うくしないように解決し、並びにそれぞれの国際関係において、武力による威嚇又は武力の行使を、いかなる国の領土保全又は政治的独立に対するものも、また、国際連合の目的と両立しない他のいかなる方法によるものも慎むことを約束する。

締約国は、他の平和愛好国と協同して、国際の平和及び安全を維持する国際連合の任務が一層効果的に遂行されるように国際連合を強化することに努力する。

**第二条**

締約国は、その自由な諸制度を強化することにより、これらの制度の基礎をなす原則の理解を促進することにより、並びに安定及び福祉の条件を助長することによつて、平和的かつ友好的な国際関係の一層の発展に貢献する。締約国は、その国際経済政策におけるくい違いを除くことに努め、また、両国の間の経済的協力を促進する。

**第三条**

締約国は、個別的に及び相互に協力して、継続的かつ効果的な自助及び相互援助により、武力攻撃に抵抗するそれぞれの能力を、憲法上の規定に従うことを条件として、維持し発展させる。

**第四条**

締約国は、この条約の実施に関して随時協議し、また、日本国の安全又は極東における国際の平和及び安全に対する脅威が生じたときはいつでも、いずれか一方の締約国の要請により協議する。

**第五条**

各締約国は、日本国の施政の下にある領域における、いずれか一方に対する武力攻撃が、自国の平和及び安全を危うくするものであることを認め、自国の憲法上の規定及び手続に従つて共通の危険に対処するように行動することを宣言する。

前記の武力攻撃及びその結果として執つたすべての措置は、国際連合憲章第五十一条の規定に従つて直ちに国際連合安全保障理事会に報告しなければならない。その措置は、安全保障理事会が国際の平和及び安全を回復し及び維持するために必要な措置を執つたときは、終止しなければならない。

**第六条**

日本国の安全に寄与し、並びに極東における国際の平和及び安全の維持に寄与するため、アメリカ合衆国は、その陸軍、空軍及び海軍が日本国において施設及び区域を使用することを許される。

前記の施設及び区域の使用並びに日本国における合衆国軍隊の地位は、千九百五十二年二月二十八日に東京で署名された日本国とアメリカ合衆国との間の安全保障条約第三条に基く行政協定（改正を含む）に代わる別個の協定及び合意される他の取極により規律される。

**第七条**

この条約は、国際連合憲章に基づく締約国の権利及び義務又は国際の平和及び安全を維持する国際連合の責任に対しては、どのような影響も及ぼすものではなく、また、及ぼすものと解釈してはならない。

**第八条**

この条約は、日本国及びアメリカ合衆国により各自の憲法上の手続きに従つて批准されなければならない。この条約は、両国が東京で批准書を交換した日に効力を生ずる。

**第九条**

千九百五十一年九月八日にサン・フランシスコ市で署名された日本国とアメリカ合衆国との間の安全保障条約は、この条約の効力発生の時に効力を失う。

**第十条**

この条約は、日本区域における国際の平和及び安全の維持のため十分な定めをする国際連合の措置が効力を生じたと日本国政府及びアメリカ合衆国政府が認める時まで効力を有する。

もつとも、この条約が十年間効力を存続した後は、いずれの締約国も、他方の締約国に対しこの条約を終了させる意思を通告することができ、その場合には、この条約は、そのような通告が行なわれた後一年で終了する。

## ［資料３］安保条約関連年表

| | |
|---|---|
| 1945年８月15日 | 日本が無条件降伏 |
| ９月２日 | 日本が「ポツダム宣言」を受諾（8月14日）し、降伏文書に署名 |
| 1946年11月３日 | 日本国憲法公布（1947年5月3日施行） |
| 1950年６月25日 | 朝鮮戦争が勃発 |
| ８月10日 | GHQ政令に基づいて警察予備隊を創設（警察予備隊令公布） |
| 1951年９月８日 | 吉田茂首相がサンフランシスコ講和条約（日本国との平和条約）と旧日米安保条約に署名 |
| 1952年２月28日 | 日米行政協定（旧日米地位協定）に調印 |
| ４月28日 | 旧日米安保条約発効、日米行政協定発効 |
| 1954年３月８日 | 日米相互防衛援助協定（MSA協定）に日米両政府が署名 |
| ７月１日 | 陸海空自衛隊を創設 |
| 1960年１月19日 | 岸信介首相とアイゼンハワー大統領が改定された日米安保条約、日米地位協定に署名 |
| ６月23日 | 新安保条約批准書を交換して発効 |
| 1969年11月21日 | 佐藤栄作首相とニクソン米大統領が沖縄の施政権返還で合意、1972年5月15日に本土復帰 |
| 1975年４月30日 | ベトナム戦争終結 |
| 1978年11月27日 | 「日米軍事協力の指針」（旧ガイドライン）を決定 |
| 1981年５月18日 | ライシャワー元駐日米大使が日本への核艦船寄港を認める（ライシャワー発言） |
| 1991年１月17日 | 多国籍軍がイラク空爆、湾岸戦争開始 |
| 1996年12月２日 | SACO（沖縄に関する日米特別行動委員会）最終報告で、普天間基地の「移設条件付き返還」など合意 |
| 1997年９月23日 | 新ガイドラインを決定 |
| 2001年10月７日 | アフガニスタン対テロ戦争 |
| 2003年３月20日 | イラク戦争（～2011年） |
| 2015年４月27日 | ガイドラインを再改定 |
| 9月15日 | 安保法制「成立」 |

安保《あんぽ》改定《かいてい》60年《ねん》　「米国《べいこく》言《い》いなり」の根源《こんげん》を問《と》う

2020年 3 月28日　初　版

著　者　「しんぶん赤旗」政治部 安保・外交班
発　行　日本共産党中央委員会出版局
〒 151-8586　東京都渋谷区千駄ヶ谷 4-26-7
Tel 03-3470-9636 / mail:book@jcp.or.jp
http://www.jcp.or.jp
振替口座番号 00120-3-21096
印刷・製本　株式会社 光陽メディア


ISBN978-4-530-01690-8　C0031　Printed in Japan